AF254014

Couvertures supérieure et inférieure manquantes

DE GUILLESTRE

AU

CHATEAU-QUEYRAS

PAR LA COMBE DU GUIL

Extrait du journal *le Dauphiné*.

Grenoble. — Imp. Rigaudin

Docteur CHABRAND

Bibliothèque du Touriste en Dauphiné

DE GUILLESTRE

AU

CHATEAU-QUEYRAS

PAR LA COMBE DU GUIL

GRENOBLE

Xavier **DREVET**, éditeur

LIBRAIRE DE L'ACADÉMIE

14, rue Lafayette, 14

1878

CHATEAU-QUEYRAS (H^{tes} Alpes)

GUILLESTRE (Htes Alpes)

DE

GUILLESTRE AU CHATEAU-QUEYRAS.

Par la Combe du Guil (1).

Les voyageurs qui font aujourd'hui le trajet de Guillestre au Château-Queyras ne peuvent se faire une idée de ce qu'était cette route avant que le Conseil général des Hautes-Alpes l'eût classée au nombre des routes départementales. C'est vers 1835 que ce classement eut lieu, et ce ne fut que dix ou douze ans plus tard qu'elle fut terminée. Jusques-là, elle n'avait été praticable que pour les piétons et les bêtes de somme. Tous les transports se faisaient à dos de mulet, avec des difficultés et des dangers sans nombre. Chaque semaine, une caravane de muletiers, connus sous le nom de *beurriers,* descendait du Queyras à Guillestre ou à Embrun ; quelques-uns même allaient jusqu'à Digne, pour échanger les productions des montagnes contre celles de la plaine.

(1) On l'appelle aussi Combe du Véyer, Combe de Guillestre, Combe du Queyras.

Nous lisons dans les *Mémoires de Catinat :* « Le chemin qui va de Mont-Dauphin au Château-Queyras, en suivant la Combe du Guil, traverse neuf fois cette rivière, sur des ponts qui ont été construits ou réparés depuis 1727. Avant cette époque, il la traversait *vingt-deux fois.* »

On sait que Lesdiguières, en 1587, faisant le siége du Fort-Queyras, ne put y amener de l'artillerie par cette voie, qu'en démontant les affûts et en transportant les canons à bras.

Cette route s'améliora progressivement par les soins des communes intéressées et surtout par ceux du génie militaire, qui avait tout intérêt d'avoir des communications faciles entre cette forteresse et celle de Mont-Dauphin, dont la construction ne date que de Vauban.

Aujourd'hui, elle est encore mauvaise et dangereuse, malgré les rectifications et les modifications heureuses qu'elle a subies. Elle est bien souvent endommagée ou coupée, soit par les avalanches et les torrents que grossissent la fonte des neiges ou les orages, soit par les blocs de rocher descendant des escarpements qui la dominent. Toutefois, elle a été tracée le long du lit de la rivière, de manière à supprimer les pentes trop raides. Non-seulement les transports s'y font maintenant par le roulage, mais on a pu y établir un service régulier de voitures portant les dépêches et les voyageurs.

Nous allons décrire cette route telle qu'elle était avant son classement comme route départementale, en ayant soin d'indiquer, en la suivant, les modifications et les améliorations qu'elle a subies.

Avant de partir pour le Queyras, disons quelques

mots de Guillestre. Cette petite ville (950 m.), très-agréablement située au débouché des vallées du Queyras, d (...)c et de Vars, ne prit de l'importance que ... ... la fin du XVe siècle, époque où les habitants de Rame, chassés par les débordements de la Durance, vinrent progressivement s'y réfugier. Jusques-là, ce n'était qu'un village dont les restes et le souvenir se sont conservés dans le quartier connu sous le nom de *Ville vieille*. Son église, trop petite pour contenir les nouveaux habitants, fut rebâtie dans les premières années du XVIe siècle, avec le marbre rouge du pays.

Guillestre était anciennement entouré d'une muraille percée de quatre portes ; on en voit encore les restes. Les archevêques d'Embrun y avaient un château dans lequel ils faisaient souvent leur résidence. Guillestre fut pris par Lesdiguières en 1587, et par le duc de Savoie en 1692. Il a été dévasté bien des fois par l'incendie et par les inondations du Riou-Bel et du Chagne, deux terribles voisins quand ils sont en fureur.

Cette petite ville était autrefois le centre d'un commerce considérable ; ses foires étaient les plus fréquentées et les plus importantes des Alpes.

Au XVIe siècle, le protestantisme s'était introduit dans Guillestre, et les Vaudois persécutés du marquisat de Saluces s'y réfugièrent, dans plusieurs circonstances. Le culte protestant y fut aboli en 1682, par le Parlement de Grenoble, et en 1684, par le Conseil du Roi. Depuis quelques années, les sociétés protestantes de Lyon et de Genève essayent d'y ressusciter la religion de Calvin ; dans ce but, elles y ont installé un évangéliste qui de là se rend, de temps en temps, soit à Vars, soit à Briançon.

En sortant de Guillestre par la porte de Sainte-Catherine, l'on trouvait à droite le chemin du Queyras qui, par une montée très-rapide au milieu de champs cultivés, vous conduisait en trente minutes sur un plateau de rochers arides, appelé la *viste,* parce que de ce point, quand on vient du Queyras ou de Ceillac, la vue plonge tout à coup sur Guillestre.

La raideur de la montée est bien moindre aujourd'hui, par suite d'un nouveau tracé en zig-zag, dont le point de départ est à gauche de la porte de Sainte-Catherine.

De la viste, on aperçoit, à droite, Mont-Dauphin commandant aux quatre vallées qui viennent s'y réunir : Eygliers, pays des sorciers, dont les vignobles produisent le bon vin *clairet ;* plus loin, Saint-Crepin, dont les vergers donnent d'excellents fruits, et enfin, au bout de l'horizon, se montre un des pics du Pelvoux. En face, on voit Réotier, dont l'église est perchée sur un rocher du haut duquel les soldats protestants de Lesdiguières firent rouler dans la Durance le curé de l'endroit, après l'avoir enfermé dans un tonneau garni de pointes en fer (1). Mais écartons ces horribles souvenirs et reprenons notre itinéraire.

A la viste, le chemin faisait un coude à droite, dans la direction de l'Est, laissant à gauche, dans un bas fond, le modeste hameau de *Mont-Gauvi,* entouré de noyers et de quelques champs maigres. Un peu plus loin, l'on saluait *la vieille* (2), avant de traver-

---

(1) Voy. Albert, *Hist. du diocèse d'Embrun.*

(2) On donnait ce nom à un rocher situé sur le bord du chemin.

Si, en passant, on pouvait, sous quelque prétexte, vous faire incliner la tête ou soulever votre chapeau, on vous disait : c'est une attrape, vous avez salué la vieille.

ser la pente fortement inclinée d'une montagne couverte de pins, appelée *Fuélio-Vouirant*. Cette pente est sillonnée par des couloirs d'où les avalanches descendent, pendant l'hiver, et peuvent entraîner les voyageurs dans le Guil qui gronde, au fond de l'abîme.

Sur tout ce parcours, la route actuelle est plus large et bordée d'un bourrelet ou d'un parapet.

Tout à coup, l'on arrivait au bord d'un rocher à pic et l'on tournait brusquement à droite pour faire la descente du *Tourniquet*, passage ainsi appelé parce que le chemin était tracé en zigzags très-aigus, avec des degrés taillés dans le rocher, de distance en distance. Après avoir franchi ce mauvais pas, qui heureusement n'était pas long, on arrivait, au bout de quelques minutes, à la *Maison-du-Roi*, appelée aussi *Pont-de-la-Pierre*.

On raconte que, sous la *Terreur*, un prêtre fuyant vers le Queyras pour échapper aux amis de *la liberté et de la fraternité* qui le poursuivaient, arrivé au Tourniquet, ne put retenir son cheval pour faire le tournant, et fut emporté dans le Guil. De là, le nom de *Saut-du-Prêtre* donné à cet endroit.

La nouvelle route, laissant le Tourniquet à droite, s'est fait une place à gauche, en minant le rocher et en le contournant, puis, se tenant au-dessus de l'ancienne, arrive par une pente douce à la Maison-du-Roi. On peut dire que le Tourniquet n'existe plus.

La Maison-du-Roi, à cinq kilomètres de Guillestre, est une auberge dont l'origine remonte à une époque plus ou moins éloignée. Elle fut bâtie aux frais de l'Etat, et concédée, avec exemption d'impôts, ainsi que le peu de terrain cultivable qui l'environne, à une famille chargée de fournir des secours aux voyageurs. On s'explique alors pourquoi elle a reçu le nom de *Maison-du-Roi*, sans avoir recours à une halte prétendue que Louis XIII, allant en Italie, y aurait faite en 1629.

A quelques pas de cette maison, on franchissait le torrent du Cristillon, le long duquel serpentait le chemin de Ceillac, transformé depuis peu en chemin carrossable ; puis, tournant à gauche, l'on rencontrait, à très-peu de distance, le premier pont de la Combe, au moyen duquel on passait sur la rive droite du Guil.

On s'engageait alors dans cet immense défilé, dans cette excavation profonde, creusée par la main du temps et par l'action continue des eaux. De chaque côté, s'élèvent à perte de vue des montagnes escarpées et arides qui n'ont pour tout ornement que quelques pins rabougris, et qui ne sont séparées à leur base que par l'espace qu'occupe le Guil. Partout la solitude, le silence ; on ne voit qu'un petit coin du ciel, on n'entend que le bruit sourd des eaux de la rivière se brisant contre les rochers.

Le chemin côtoyait pendant quelques instants le bord de la rivière, puis, suivant les ondulations de la montagne, il s'élevait insensiblement jusqu'à mi-côte, soûtenu à certains endroits, au-dessus des précipices, par des pins renversés avec leurs branches, et des quartiers de roche. On arrivait ainsi jusqu'à l'oratoire de *Mi-Combe* ou du *Bardonnet*, qui, posé sur le bord de l'abîme, vous invitait à remercier Dieu de vous avoir préservé de tout accident, en franchissant le *Pas-de-la-Mort* ou *la Meurtrière*. Ce passage, qui est à peu près à égale distance de la Maison-du-

Roi et de l'oratoire, a été ainsi appelé à cause des blocs de rocher qui hérissent la pente qu'il fallait traverser. Ils ont été tellement dégarnis par les pluies, qu'ils semblent toujours prêts à se détacher pour écraser les voyageurs.

La nouvelle route, au lieu de s'élever jusqu'à mi-côte, suit continuellement le lit du Guil, et, au moyen de deux jolis ponts en pierre de taille, passe d'abord sur la rive gauche, puis revient sur la rive droite afin d'éviter le Pas-de-la-Mort. Au-dessous de l'ancien oratoire, on en a élevé un nouveau entre la route et la rivière.

A peu de distance de l'oratoire du Bardonnet, on commençait à descendre, et la route se dirigeait vers le bord du Guil, dont elle continuait à suivre la rive droite jusqu'au Véyer. Dans ce trajet, on vous faisait remarquer sur la gauche une dépression creusée sur le sommet d'un rocher et pouvant, jusqu'à un certain point, simuler un fauteuil : C'est la *chaise du diable* ou *de l'avocat*. La légende rapporte qu'un avocat d'Embrun ou de Briançon, brouillé avec la vérité, voyant que ses juges ne faisaient pas grand cas de ses affirmations, s'écria : Si ce que je dis n'est pas vrai, que le diable m'emporte! Satan, le prenant au mot, l'emporta aussitôt sur ce rocher, où il resta irrévocablement assis.

Un peu plus loin, la route passait, comme aujourd'hui, devant la *Balme*, espèce de grotte creusée dans un rocher qui s'avance en encorbellement et dans laquelle on peut s'abriter pendant le mauvais temps. On raconte qu'un avare, venant d'une foire de Guillestre la bourse bien garnie, y passa la nuit, préférant souper avec un morceau de pain sec et coucher sur la dure, plutôt que d'aller dépenser quelques sous à la Chapelue, qui n'est qu'à demi-heure de là.

En face de la Balme, on laissait à droite une mauvaise passerelle où prend le chemin de *Bramousse*, village de la commune de Guillestre et de la paroisse de Véyer, situé de l'autre côté du Guil, sur un plateau élevé et verdoyant. Ses habitants excellent à fabriquer de la vaisselle de bois.

Plus loin et à gauche, on aperçoit le chemin qui, par des lacets très-rapides, conduit aux *Escoyères*, hameau perché sur une terrasse, au milieu des rochers. On y trouve les ruines d'un couvent de bénédictins qui dépendait de l'abbaye de Boscodon, et des inscriptions romaines sur des pierres de taille que l'on a employées à la construction de la chapelle dédiée à sainte Madeleine.

Le *Véyer*, à 12 kilom. de Guillestre, est un village de pauvre apparence, situé sur le bord de la route, dans une espèce d'oasis où l'écartement des montagnes a laissé libre un petit lambeau de terrain cultivable, et où la vue peut enfin se reposer sur un peu de verdure. Le Véyer et les Escoyères appartiennent à la commune d'Arvieux et forment, avec Bramousse et la Chapelue, une paroisse dont la cure est au Véyer.

En sortant du Véyer, on aperçoit en face, sur le penchant d'une montagne et au pied d'une forêt de pins, le village de *Mont-Bardon*, formant aussi une paroisse et faisant partie de la commune de Château-Ville-Vieille. Les vastes forêts qui l'environnent fournissent aux habitants les moyens de fabriquer de la poix. Le nom de ce village pourrait faire supposer qu'il a été bâti par quelques Lombards échappés, comme ceux à qui Ladoucette attribue la fondation de Dormilhouse, au massacre qu'en fit Ennius Mummol, en 575, dans la plaine de *Barben* ou du *Plan-de-Phazi* (1).

Il existe, au-dessus de Mont-Bardon, sur les bords du Riou-Vert, dont les eaux se jettent dans le Guil, près du Véyer, une vaste pelouse qu'on appelle *Pra-Prati*. C'est là que les sorciers du Queyras se donnaient rendez-vous pour le sabbat et exécutaient leurs danses infernales.

A dix minutes du Véyer, on traverse le Guil pour la quatrième fois et l'on arrive devant un groupe de quatre ou cinq maisons portant le nom de *Chapelue*. Une auberge de muletiers, aussi ancienne que le village, offre aux voyageurs un gîte plus que modeste, mais très-apprécié dans ce désert, où l'on est étonné de trouver quelques arbres à fruit.

La tradition rapporte qu'anciennement des protestants attaqués par les catholiques, au-dessus de ce village, dans le lieu appelé *les Crèches*, furent massacrés, jetés dans le Guil, et que leurs chapeaux, entraînés par le courant, s'arrêtèrent un peu plus bas, dans un gouffre ; de là le nom de Chapelue.

En quittant ces pauvres habitations, on s'engage, par une route taillée dans le roc, dans un défilé qui semble sans issue. On se demande, avec stupeur, comment on pourra sortir de cette impasse. De chaque côté, des masses colossales de rochers escarpés, aux pieds desquels le Guil est parvenu à se frayer un passage, s'élèvent jusqu'aux nues, et sont si rapprochés qu'on ne peut plus apercevoir ce petit coin de

---

(1) Voy. Ladoucette, *Hist. des Hautes-Alpes*, p. 34.

ciel bleu, dont la vue, jusque-là, avait entretenu l'espérance. A ce moment, l'angoisse est extrême ; il semble que ces rochers vont se rapprocher davantage et vous comprimer la poitrine. Après quelques minutes d'anxiété, on commence à respirer plus librement ; les montagnes s'écartent, le ciel reparaît, l'horizon s'agrandit et on arrive au *Pont-de-la-Tête*.

Vers le milieu du défilé qu'on vient de franchir, on faisait remarquer, autrefois, un rocher lisse et poli de calcaire compacte, sur lequel étaient gravées des fleurs de lys. On raconte qu'un prince français, traversant la Combe pour aller en Italie, poussa jusque-là et que la vue de cet affreux passage l'épouvanta tellement qu'il s'empressa de retourner sur ses pas. Ces fleurs de lys étaient donc destinées à transmettre à la postérité le souvenir du passage et du manque de courage de ce prince. Mais on ne comprend pas qu'il ait pu reculer au moment où il allait toucher au but ; quelques minutes, en effet, lui auraient suffi pour sortir du défilé.

De la Chapelue au Pont-de-la-Tête il était impossible de changer la direction de l'ancienne route, on ne pouvait que l'élargir et adoucir les pentes en minant les rochers, et c'est ce que l'on a fait. C'est par le fait de ces mines que les fleurs de lys ont disparu, ainsi que les excavations voisines qu'on appelait *les Crupiés* (les Crèches).

Avant de nous éloigner du Pont-de-la Tête qui conduit de nouveau sur la rive droite du Guil, racontons l'histoire lugubre de laquelle ce pont tire son nom : En 1776 ou 1781, deux Piémontais retournant dans leur pays partirent ensemble de la Chapelue ; à la suite d'une querelle, l'un d'eux fut tué par son compagnon de voyage et jeté dans la rivière. Le meurtrier fut arrêté à Ristolas, avant de passer la frontière. On le conduisit à Grenoble, où il fut jugé et pendu. Sa tête, portée par le bourreau sur le lieu où le crime avait été commis, fut exposée, au bout d'une perche, à côté du pont : de là le nom de Pont-de-la-Tête. On l'appelle aussi pont de *la Fusine*, nom d'une vaste forêt qui domine ces immenses escarpements.

De ce pont, on arrive, en quelques minutes, à celui qu'on a jeté sur le torrent appelé l'*Eau d'Arvieux*, au pied d'une masse rocheuse de forme conique, où la route fait un coude à gauche, puis à droite, pour atteindre, au bout de 20 minutes, l'oratoire de l'*Ange gardien*.

Les anciens habitants du Queyras, pleins de foi et de religion, avaient jugé convenable et utile de bâtir, sur ce point, un oratoire dédié à l'Ange gardien, dont la protection leur était si nécessaire pour échapper aux dangers qui les menaçaient chaque fois qu'ils étaient obligés de traverser cette affreuse Combe du Guil. Cet oratoire a toujours été religieusement entretenu, ainsi que celui du Bardonnet.

De l'oratoire, on aperçoit en face et à peu de distance le *fort Queyras*, posé en sentinelle sur un rocher calcaire qui ferme complétement la vallée et que dominent les hautes montagnes voisines de *St-Martin*, de *Rouet*, du *Peyron* et du *Bois-Noir*. A quelques pas plus loin, on trouve, à gauche, le chemin d'Arvieux qui conduit à Briançon par les cols des *Ayes* et d'*Isoard*. La route se continue vers le Château-Queyras, au pied d'une forêt de pins qui est à gauche, et au-dessus d'un petit bassin verdoyant qui s'étend à droite, entre la route et la rivière, jusqu'au rocher sur lequel le fort est assis. A l'extrémité de ce bassin, on remarque le cimetière, au bas duquel un vieux Rosny conserve encore quelques branches verdoyantes, sur son tronc trois fois séculaire ; l'église de *Notre-Dame,* lieu de pèlerinage pour les Queyrassins, et enfin les ruines d'un couvent de Bénédictines, chassées en 1574 par les protestants.

Quand on arrive au pied de ce rocher qui vous barre le passage, on est obligé de tourner à gauche pour traverser un peu plus haut, sur un joli pont en pierre, le torrent de *Souliers.* Au-dessous de ce tournant, se trouve une chapelle en ruines, dédiée à St-Martin. Après avoir franchi le pont, on n'a plus que quelques pas à faire pour atteindre la partie supérieure du *Château-Queyras.* De ce point, appelé le *Coulet* (petit col), se détachent, à droite, les rampes qui conduisent au fort, et, à gauche, la nouvelle route qui fait un circuit au-dessus du village, dont les maisons s'étendent le long d'une rue tortueuse et fortement inclinée, qui était l'ancienne route, et au bas de laquelle se trouvent l'église paroissiale, la poste et la gendarmerie.

Le village du Château (1378 mèt.) est une des localités les plus importantes du Queyras, non point par sa population, mais par son voisinage du fort et comme point central où viennent aboutir toutes les routes du canton d'Aiguilles, celles de Guillestre et de Briançon. C'est au Château-Queyras que se trouvait autrefois le grenier à sel ; c'est là aussi que le premier bureau de poste de la vallée fut établi. Il forme avec *Ville-Vieille,* qui est à quatre kilomètres plus loin, et une foule de hameaux disséminés sur le penchant des montagnes voisines, la commune de *Château-Ville-Vieille*.

Le fort date du moyen âge ; c'est aux premiers Daup'ins de Viennois qu'est due sa construction. Ses fortifications ont été modifiées à diverses reprises. Vauban le visita en 1700 et traça un projet pour le réparer et l'agrandir. Sous le règne de Louis-Philippe, de grands travaux y furent exécutés pour le fortifier à la moderne. Il vient d'être déclassé et désarmé, dans le courant de 1877, et il ne lui reste que sa garnison, composée d'une compagnie, fournie chaque mois par le bataillon de chasseurs à pied qui se trouve à Mont-Dauphin.

Le fort Queyras fut pris par Lesdiguières sur les ligueurs, en 1587. Lors de l'invasion du Dauphiné, au mois d'août 1692, les Barbets, commandés par Schomberg, le sommèrent vainement de se rendre ; ils furent obligés de prendre le chemin de Ceillac, par le col de Fromage, pour aller rejoindre à Guillestre l'armée du duc de Savoie, marchant sur Embrun.

Du Château, on va en une journée, par Ville-Vieille, Molines et St-Véran, dans la vallée de Saluces, et par Aiguilles, Abriès et Ristolas, dans celle de Pignerol.

Le Queyras, d'après les auteurs qui se sont occupés de l'histoire des Hautes-Alpes, aurait été habité dès les temps les plus reculés. Il aurait été occupé, avant la conquête romaine, par les Caturiges qui, venus d'Italie, s'étendirent dans tout l'Embrunais. La peuplade fixée dans le Queyras reçut des Romains le nom de *Quaratœ* (1) ou *Quariates* (2) ; elle faisait partie

---

(1) Itinéraire d'Ant.
(2) Pline.

de la Caturigie et appartint d'abord à la Gaule nar-
bonnaise, puis aux Alpes maritimes.

Le Queyras, ainsi que toutes les autres parties des
Alpes briançonnaises, a servi de refuge ou au moins
de passage aux Lombards et aux Sarrasins.

On trouve, dans la commune de Molines, au milieu
des belles prairies qui s'étendent entre le hameau du
Serre des Chabrand et celui de Gaudissard, un petit
vallon connu sous le nom de *Combe Sarrasine*. On
dit que ce nom lui vient de ce que les Sarrasins y cam-
pèrent en 972, lorsque battus au plan de Phazi par
Berold de Saxe, ils se retirèrent dans les états du
marquis de Saluces, leur allié.

La tradition rapporte aussi que cette contrée, de-
venue déserte par l'expulsion des infidèles, fut re-
peuplée par trois bergers de Provence qui, condui-
sant leurs troupeaux dans ces montagnes, pendant la
belle saison, finirent par s'y fixer avec leurs familles.
— Plus tard, leurs descendants, s'étant multipliés, se
partagèrent ce pays. Jean Brunet, dans son *Mé-
moire sur le Briançonnais*, dit que le monolithe
connu sous le nom de *Pierre-Fiche*, que l'on voit
sur une éminence entre Ville-Vieille et Aiguilles, est
un témoignage de ce partage et a été élevé par eux,
pour délimiter leurs possessions. Aujourd'hui, Pierre-
Fiche est rangée par les archéologues au nombre des
monuments druidiques.

Nous rappellerons aussi quelques faits plus certains,
appartenant à l'histoire du Queyras et nous faisant
connaître les souffrances et les misères qui ont acca-
blé constamment les pauvres habitants de ces vallées,
perdues au milieu des Alpes.

Vers la fin du XVIe siècle, ils eurent à subir une invasion plus terrible que celle des Lombards et des Sarrasins ; ce fut celle des protestants. Partout les églises furent profanées, pillées ou renversées ; les prêtres outragés, chassés ou mis à mort, et les habitants contraints, par les amendes, les confiscations et les violences de toute nature, à renoncer aux croyances et aux pratiques de leur religion (1). Le nombre de ceux qui eurent le courage de résister à ces moyens de conversion fut bien petit. Le pays presque tout entier devint huguenot.

Une autre cause de ruines et de calamités pour le Queyras, furent le passage et le séjour des armées pendant les guerres d'Italie, sous les règnes de François Ier en 1515, de Louis XIII en 1629, de Louis XIV de 1690 à 1713, de Louis XV en 1744, et enfin sous la République de 1792 à 1797. A toutes ces époques, il fut pillé, rançonné, dévasté par des troupes trop souvent indisciplinées qui, pour toute compensation, lui laissaient, en se retirant, des épidémies meurtrières décimant sa population. Que n'a-t-il pas eu à souffrir aussi des incursions et des brigandages de ses terribles voisins les Barbets, surtout depuis la révocation de l'édit de Nantes jusqu'au traité d'Utrecht ?

Si, de nos jours, cette contrée n'est plus exposée à tous ces ravages, elle a toujours à craindre ceux que lui causent si souvent les incendies, les gelées, les débordements des rivières et des torrents. Aussi, voit-on diminuer tous les ans cette population hon-

---

(1) Voy. dans les Monuments hist. patriæ, la *Storia delle Alpe maritime* de Gioffredo. — Le P. Fornier. *Histoire des Alpes maritimes.* — Le curé Albert, *Histoire du diocèse d'Embrun.*

nête et laborieuse qui, de temps immémorial, a éprouvé le besoin de s'expatrier. Les enfants du Queyras abandonnent leurs pauvres montagnes pour aller chercher fortune dans des pays plus favorisés, en France, à l'étranger, jusques en Amérique, et malheureusement sans esprit de retour, chose rare autrefois.

Nous ne quitterons pas le Queyras sans signaler à l'attention des touristes une de ses curiosités les plus pittoresques.

A trois quarts d'heure au-dessus de Ville-Vieille, on remarque sur la rive gauche de l'*Aigue-Blanche*, au pied de la forêt et des prairies de *Gambarel*, des pyramides naturelles, ou plutôt d'immenses colonnes coniques que les étrangers désignent sous le nom de *Colonnes coiffées*, et que les gens du pays appellent Baromes (1). Ces colonnes sont composées de graviers et de cailloux roulés, cimentés par des terres argileuses et calcaires ; leur sommet est coiffé d'un énorme bloc d'euphotide. La singularité de leur forme, que Whymper compare à celle d'une bouteille de champagne, et le contraste que présente la couleur blanchâtre de leur surface avec l'espèce de chapeau noir qui les surmonte, attire vivement l'attention.

Comment se sont formées ces colonnes ? On peut supposer que les pluies et les eaux de la rivière, agissant d'une manière continue sur un terrain mouvant, ont entraîné tout ce qui n'était pas protégé par les blocs de rocher. Les parties très-dures ou recouvertes de pierres ont résisté et, dégagées des terres

____

(1) Du roman *Bar*, mauvais, imparfait, — et *ome*, homme —homme gigantesque à formes irrégulières.

qui les environnaient, ont fini par constituer ces masses élégantes, monuments des révolutions que le temps accomplit d'une manière lente mais continue, à la surface de la terre.

Les causes qui ont donné naissance aux colonnes coiffées tendent aussi à les abattre. L'action incessante des pluies et des orages les ronge chaque jour et les aura fait disparaître complétement dans quelques années. Sur cinq que l'on y comptait il y a cinquante ans, quatre ont déjà vu tomber à leurs pieds le bloc qui les couronnait, et la cinquième, qui était la plus élevée (environ 15 mètres), voit sa surface s'amoindrir et se couvrir de crevasses. Bientôt, son sommet n'aura plus assez de résistance pour soutenir sa lourde couronne. Elle deviendra à son tour une grandeur déchue.

C'est ainsi que sous l'influeuce des orages politiques, nous voyons si souvent tomber la couronne des rois !

LIBRAIRIE XAVIER DREVET

14, rue Lafayette, à Grenoble.

BIBLIOTHÈQUE HISTORIQUE DU DAUPHINÉ.

Parménie et ses vicissitudes, par l'abbé Clerc-Jacquier. —
3ᵉ édition.. 1 fr.
Suze-la-Rousse (Drôme), par J.-J.-A. Pilot, archi-
viste de l'Isère..................................... 1 »
L'Albenc et ses maîtres, par A. Lacroix, archiviste de
la Drôme.. » 60
Tullins et Antoine Bolomier, par le même......... » 60
Saint-Marcellin, par le même.................... » 75
Le Pèlerinage de **Saint-Ennemond** à Chambalud,
par E. Perier, docteur en droit..................... » 30
Le **Palais de Justice** à Grenoble, par J.-J.-A. Pilot. 1 25
Dumolard, représentant de l'Isère à l'Assemblée lé-
gislative de 1791, par A. Champollion-Figeac...... » 50
Le Prieuré de **Saint-Michel de Connexe**, par
J.-J.-A. Pilot, E. Pilot de Thorey et Mège (avec deux
dessins).. 1 50
Antoine **Cayre-Morand**, fondateur de la manufac-
ture de cristal de roche à Briançon, par le Docteur
Chabrand.. » 75
La **Cigale** et les Dauphinois, par Ad. Rochas........ » 75

Nouvelles et légendes dauphinoises, par
Mᵐᵉ Louise Drevet. — Huit volumes ont paru.
Recueil complet des **Poésies patoises** des bords de
l'Isère. — 1 magnifique vol. in-8º br.............. 15 »
Le même ouvrage, beau papier, in-4º broché........ 20 »

**Assemblée des Trois-Ordres du Dauphiné
au château de Vizille**, le 17 juillet 1788 (d'après
le tableau d'Alexandre Debelle), magnifique photo-
graphie de 0ᵐ77 sur 0ᵐ62...................... 25 »